疯狂的计量单位

1米/秒有多快

——可以用交通工具来体验的计量单位

洋洋兔·编绘

四川少年儿童出版社

序

追求更快的**速度**似乎是人类的本能。为了能够“跑”得更快，人类发明了各种各样的交通工具，来达到更快的速度。

为了测量速度，人们想出了很多办法。在陆地上可以找到各种**参照物**，只要测量出规定时间内一个人或一个物体的运动距离的长短，就可知其**速度**。但是，在找不到参照物的大海上，测量速度就没那么简单了，为此，**聪明的水手**发明了用打结的绳子和水桶来测量船只航行速度的方法。描述船只航行速度的计量单位——**节**，就这样诞生了。

在测量技术不断进步的今天，我们已经能轻松地测出我们身边大多数物体的速度，也能通过这些数据解开一些疑惑，比如蝴蝶为什么那么难追到，猎豹为什么能够成为草原上的王牌猎手，蜗牛和乌龟到底谁爬得更慢。

这本书里的“小快”不仅自己跑得快，还对各种物体的速度了如指掌。要想知道更多关于速度的秘密，就赶快和他一起出发吧！你一定会收获很多意想不到的惊喜！

目 录

1千米（km）有多远？

把连接地球南北极的经线分成2万份，每一份的长度大约就是1千米。
如果你以每步0.5米的距离走2000步，大约就走了1000米。
家
学校
1千米
2000步
千米还有个俗称——公里。
大名：千米
别名：公里
千米
职业：长度单位
1千米=1公里

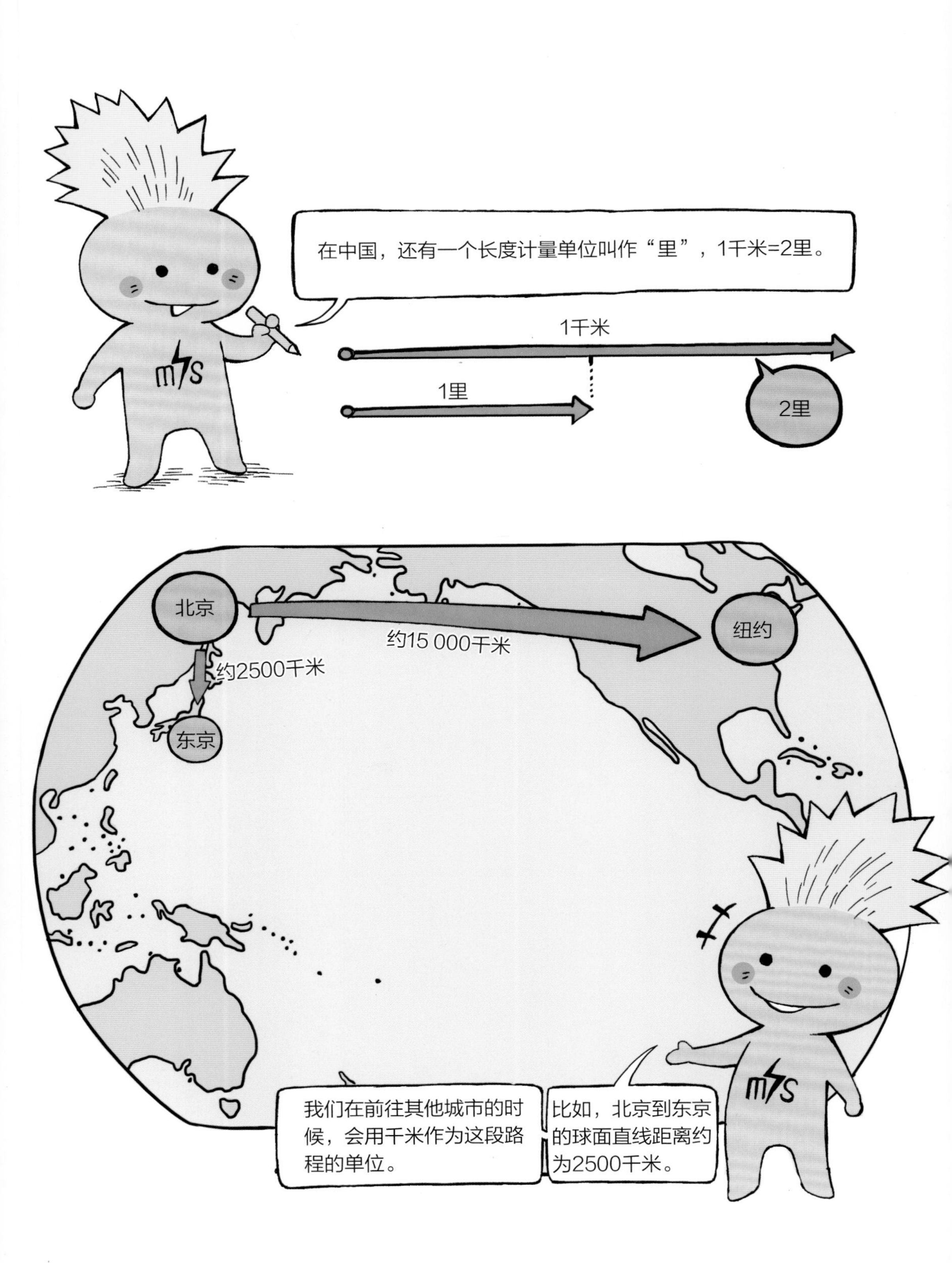

在中国，还有一个长度计量单位叫作“里”，1千米=2里。
1千米
1里
2里
北京
约15 000千米
纽约
约2500千米
东京
我们在前往其他城市的时候，会用千米作为这段路程的单位。
比如，北京到东京的球面直线距离约为2500千米。

千米也可以表示高度，看看这些云有多高。
10千米
卷云
8千米
6千米
积雨云
积云
4千米
雨层云
层云
2千米
黑白兀鹫（wù jiù）可以飞到11千米高，在云层之上翱（áo）翔。
11千米

月亮离地球有30多万千米远。
最远
约41万千米
最近
约36万
千米
地壳
海底地壳平均厚度约7千米
大陆地壳平均厚度约35千米
你知道吗？地球的结构就像个煮熟的鸡蛋。
千米还可以用来描述地球内部各个圈层的厚度。
蛋壳
蛋白
蛋黄
地心
地核
地幔
我们熟悉的石油和天然气，一般都埋藏在地下2千米以下。
2千米
天然气
石油

1英里（mi）有多远?

今后就以我的脚印长度为标准了！
据说，有一位英国国王将自己的脚印长度定为了1英尺。
1英尺
1、2、3……
在那之后，英国人将成年男子行走1000步的距离定为了1英里。
1英里=1.609 344千米
1步约1.6米
注意：这里的1步指左右腿交替1次
以走1000步为1英里为标准，不用带尺子也能估算出距离。
到学校要走1500步，差不多1.5英里。

冠军8000步
比如微信运动的冠军走了8000步。
也就是4000次左右腿的交替，大概走了4英里。
1英里
20分钟
走完1英里的距离，成年人大约需要20分钟，小轿车只要1分钟。
1分钟
世界上飞得最快的尖尾雨燕只需飞16秒，
27小时
路漫漫啊！
而乌龟却要爬行27个小时。

1海里（n mile）有多远?

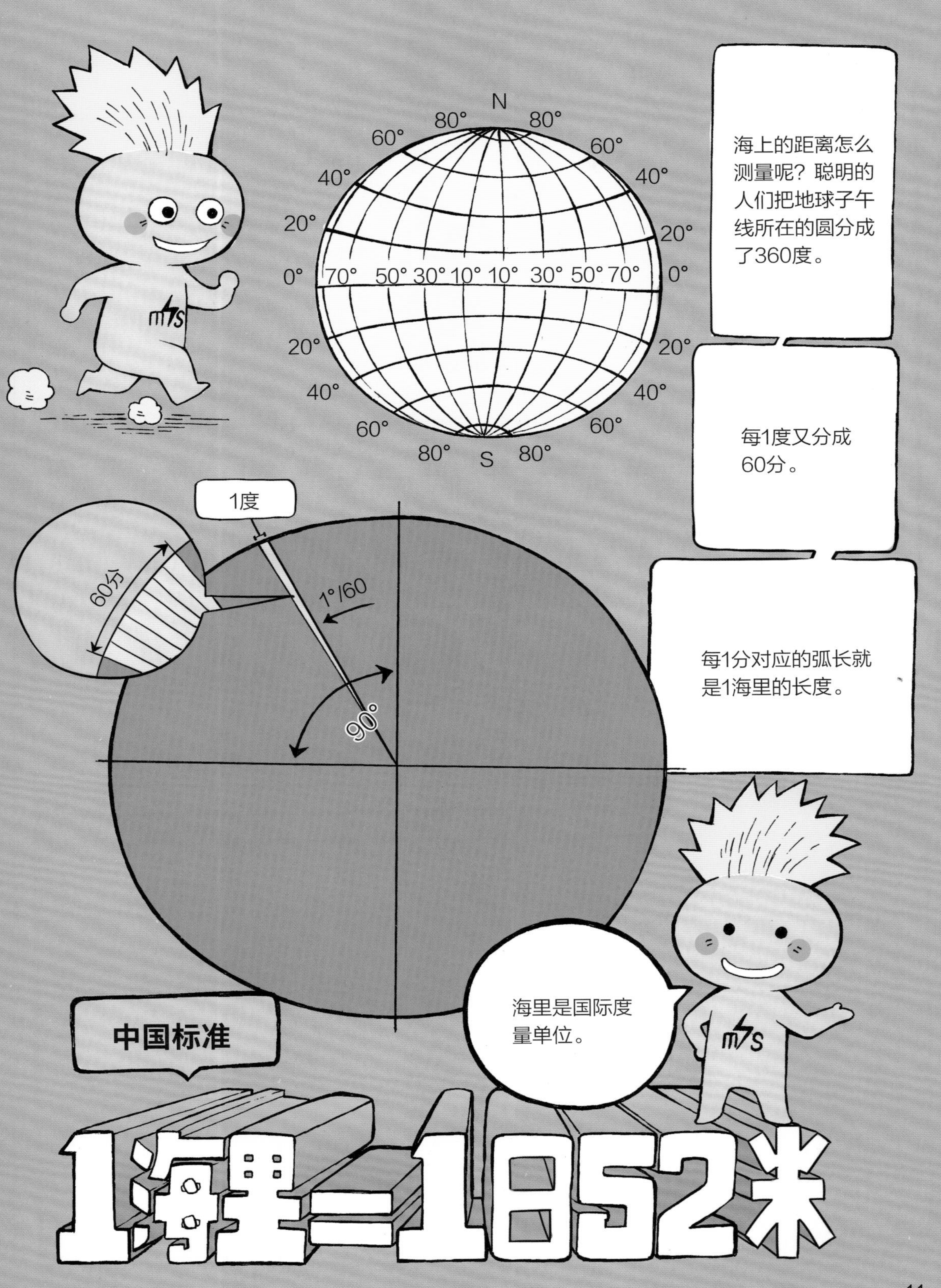
N
80°
80°
60°
60°
40°
40°
20°
20°
0°
70°
50°
30°
10°
10°
30°
50°
70°
0°
20°
20°
40°
40°
60°
60°
80°
S
80°
海上的距离怎么测量呢？聪明的人们把地球子午线所在的圆分成了360度。
每1度又分成60分。
每1分对应的弧长就是1海里的长度。
1度
60分
1°/60
90°
海里是国际度量单位。
中国标准
1海里=1852米

1米/秒（m/s）有多快？

米/秒
（m/s）
米/秒是速度单位。
它表示1秒钟能行进多少米。
有了它，我们就知道谁快谁慢了。
1 m/s
1米/秒
2 m/s
2米/秒
m/s
普通成年人正常行走的速度约为1米/秒。
跑步速度约为3米/秒。
1米/秒
3米/秒
m/s

蝴蝶飞行的速度约为
5米/秒。
5米/秒
11米/秒
蜜蜂的飞行速度约为
11米/秒。
10.438米/秒
短跑冠军博尔特创造的100米跑世界纪录的速度是10.438米/秒，
他是目前世界上跑得最快的人。
北
自西向东自转
南
466米/秒
无风时，花瓣落下的速度约为
1.8米/秒，比我们走路还快些。
1.8米/秒
m/s
我们的地球“跑”得也不慢，它每
天都以约466米/秒的速度自转。

1千米/时（km/h）有多快？

千米/时也是速度单位，表示一个小时行进的距离。
5千米/时
0.008千米/时
100
50
150
200
0
50千米/时
它是汽车时速表、道路标示牌上最常用的单位。
60
经常锻炼的成年人长跑的速度约为10千米/时。
如果骑自行车，能达到20千米/时。
10千米/时
20千米/时

目前最快的跑车速度超过了560千米/时。
560千米/时
人类虽然跑得不是最快的，但人类发明的交通工具跑得都不慢！
高铁
300千米/时
50千米/时
公交车
70路
60千米/时
50千米/时
出租车
TAXI
摩托车

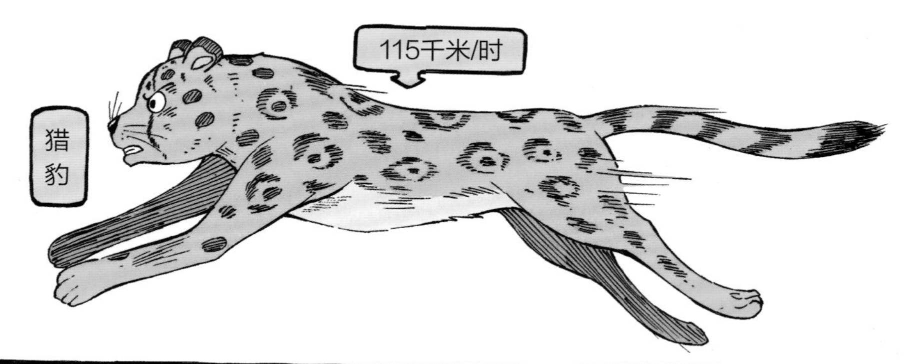

陆地上的很多动物跑得非常快。

旗鱼110千米/时
金枪鱼160千米/时
剑鱼130千米/时
大白鲨40~70千米/时
嗨！
水中还有很多游泳健将，它们的速度也非常快。
小丑鱼30千米/时
尖尾雨燕
350千米/时
鸽子70~110
千米/时
麻雀28~36
千米/时
很多小鸟的飞行速度也十分惊人呢！
现在你对速度有些概念了吧？

1千米/秒（km/s）有多快?

千米/秒一般用于描述宇宙飞船或天体的运行速度。
km/s
千米/秒
m/s

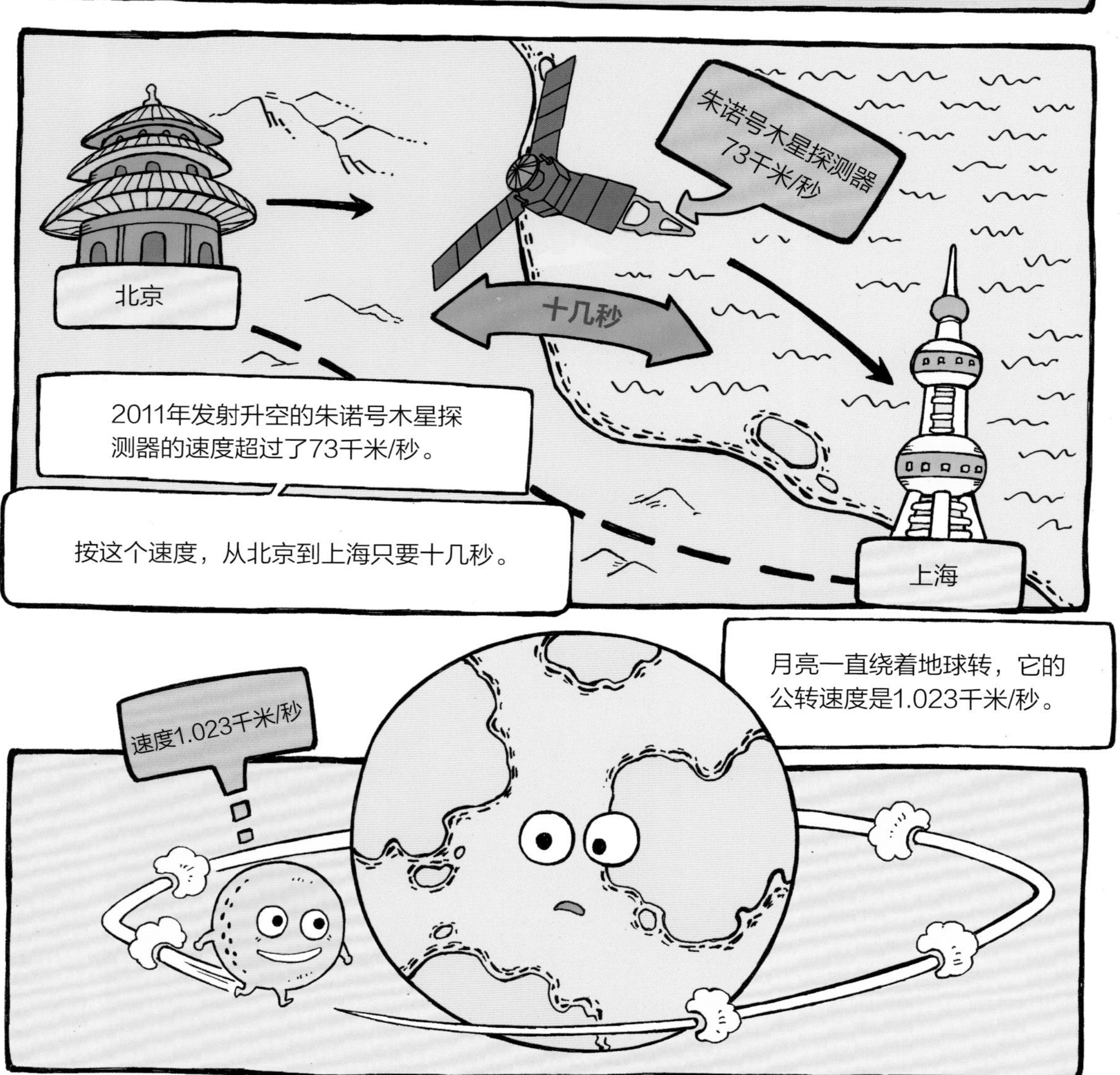
朱诺号木星探测器
73千米/秒
北京
十几秒
2011年发射升空的朱诺号木星探测器的速度超过了73千米/秒。
按这个速度，从北京到上海只要十几秒。
上海
月亮一直绕着地球转，它的公转速度是1.023千米/秒。
速度1.023千米/秒

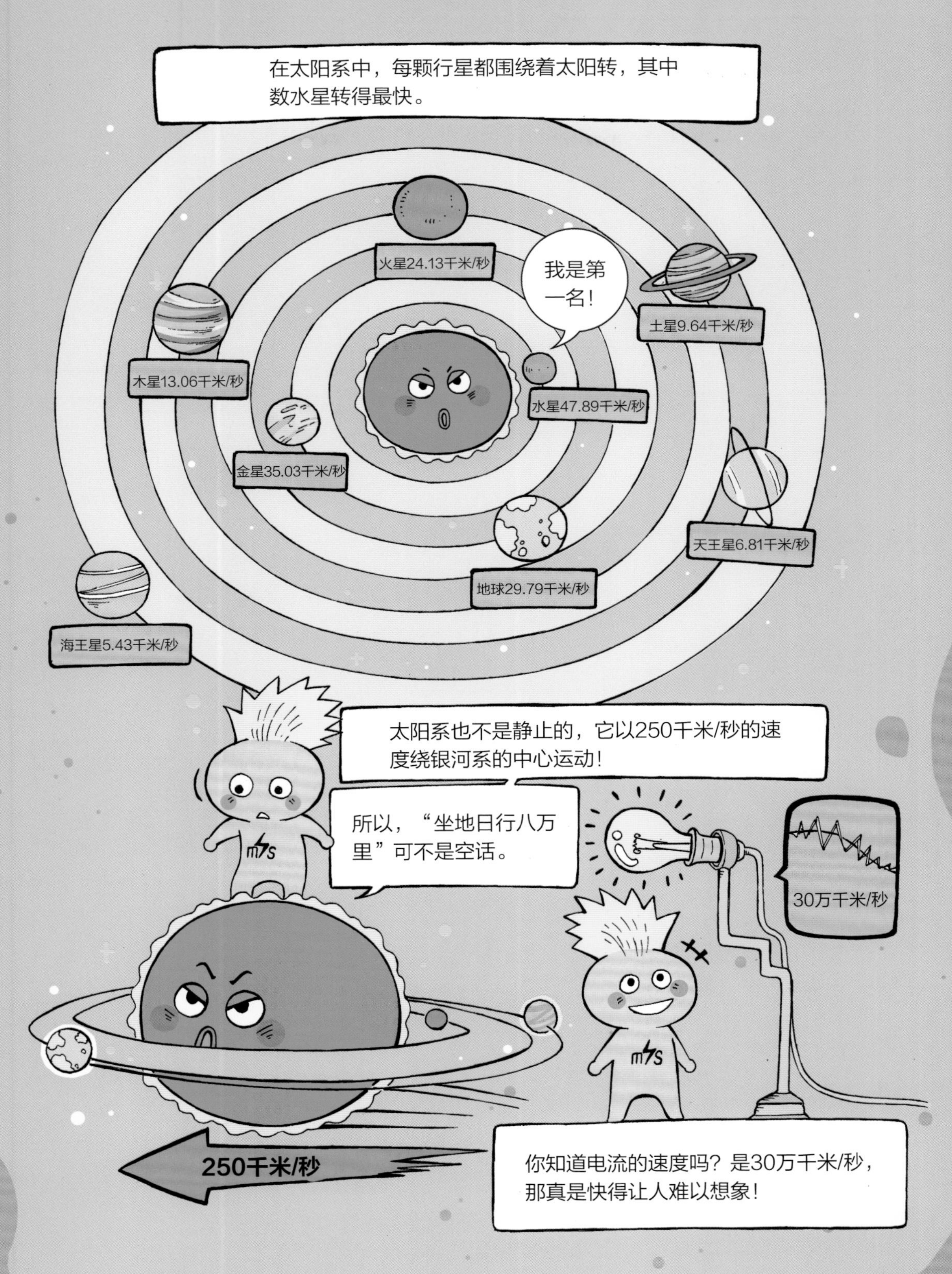
在太阳系中，每颗行星都围绕着太阳转，其中数水星转得最快。
火星24.13千米/秒
我是第一名！
土星9.64千米/秒
木星13.06千米/秒
水星47.89千米/秒
金星35.03千米/秒
天王星6.81千米/秒
地球29.79千米/秒
海王星5.43千米/秒
太阳系也不是静止的，它以250千米/秒的速度绕银河系的中心运动！
所以，“坐地日行八万里”可不是空话。
30万千米/秒
250千米/秒
你知道电流的速度吗？是30万千米/秒，那真是快得让人难以想象！

1英里/时（mph）有多快？

在习惯使用英里这个长度计量单位的国家和地区，人们在描述速度时，经常会用到英里/时这个计量单位。
它常常出现在进口车的速度仪表盘上，用来表示汽车的行驶速度。
mph
0
20
40
60
80
100
120
140
160
180
200
MPH
m⚡s
777
由于1英里等于1.609 344千米，所以1英里/时比1千米/时更快。
1千米/时
1英里/时
在城市通畅的道路上，小汽车可以开到60千米/时。
但是，如果想开到60英里/时（约等于96千米/时），可就得上高速公路啦！
高 速
60英里/时
60千米/时

风靡世界的网球运动诞生在英国，直到现在，人们仍习惯使用英里/时来描述网球的发球速度。

网球赛历史上最快的发球速度为157.2英里/时，相当于253千米/时，比一般动车的速度还要快。这个记录是由美国网球运动员约翰·伊斯内尔创造的。

人们还用英里/时来描述台风和飓（jù）风的风速。

知道了台风和飓风的风速，人们就能预测它们登陆的时间，能够更好地去应对它们带来的危害。

1马赫（Ma）有多快？

马赫常用于表示飞机、导弹、航天飞机等的飞行速度。
它是速度与音速的比值。
1马赫=1音速
速度大于1马赫
音速
马赫数大于1表示比音速快，小于1则表示比音速慢。
音速就是声音的传播速度，它会随着温度、高度、大气密度等因素改变。
在1个标准大气压和15 ℃的条件下，1马赫约为340米/秒。
音速

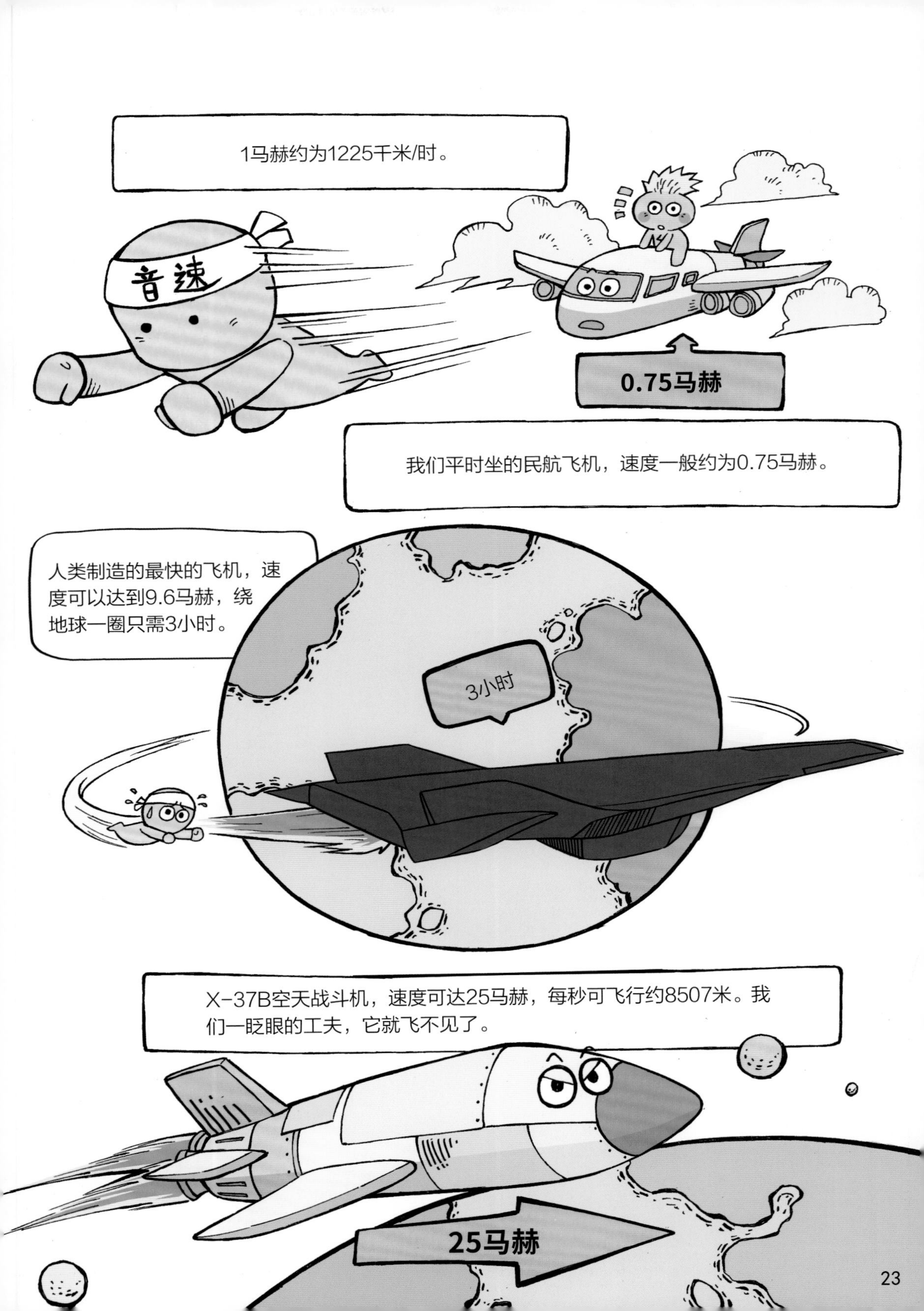
1马赫约为1225千米/时。
音速
0.75马赫
我们平时坐的民航飞机，速度一般约为0.75马赫。
人类制造的最快的飞机，速度可以达到9.6马赫，绕地球一圈只需3小时。
3小时
X-37B空天战斗机，速度可达25马赫，每秒可飞行约8507米。我们一眨眼的工夫，它就飞不见了。
25马赫

高速公路限行速度是多少？

也就是说，高速公路上的车最快1秒只能跑33米。
这和能掀起房顶的12级大风的风速相当。
33米/秒
最慢不能低于60千米/时，
相当于24秒跑完标准田径场一圈。
24秒一圈
60千米/时
摩托车在高速公路上行驶时，速度必须保持在60千米/时~80千米/时。不过，在有的地区，摩托车被禁止驶入高速公路。
80千米/时

1节（kn）有多快？
在古代，测量船速是件很难的事情。
海上没有参照物啊！
400多年前（16世纪），有个聪明的水手，想到了一个好办法。
我们把一条长绳子等距离分段打结，再绑上木桶，丢到海里。
然后呢？
在单位时间内，数一数被冲走的绳子的节数，
木桶

就可以计算出船速了。
这方法太棒了！
3节
1节=1海里/时=1.852千米/时
后来，节就成了世界海船通用的速度单位，并沿用至今。
慢
快
由于水对船的阻力要比地面对轮胎的阻力大得多，
所以，比起飞机、汽车，船的航行速度就要慢得多了。

民航飞机速度约900千米/时
小汽车在高速公路上的行驶速度为
60~120千米/时
船速为2节时，和成年人的
步行速度相当。
2节
成年人的步行速度为3~4千米/时
划小船的速度为3~4千米/时

让我们看看这些船的速度吧。
普通人划皮划艇的速度为7~9千米/时。
4~5节
军舰的速度在30节左右，也就是55千米/时左右。
核动力航母的最快速度可达36~37节，即66~69千米/时。
30节
36~37节
56
44.7节
最快的潜艇在水下的速度可达到44.7节，
大约是每小时83千米，
还不及高速公路上的小汽车的最高时速（120千米/时）快。
速度
44.7 kn
航海计程仪

单位换算及词汇表

千米（kilometer）：**符号为**km

1千米=0.621 371 192英里

英里（miles）：**符号**mi

1英里=1069.344米=1.609 344千米

海里（nautical mile）：**符号为**n mile

1海里=1852米=1.852千米

节（knot）：**符号为**kn

1节=1海里/时=1.852千米/时

米/秒（metre per second）：**符号为**m/s

1米/秒=3.6千米/时=0.001千米/秒

千米/时（kilometers per hour）：**符号为**km/h

1千米/时≈0.278米/秒

千米/秒（kilometers per second）：**符号为**km/s

1千米/秒=3600千米/时

马赫（mach number）：**符号为**Ma

1马赫=340.3米/秒=1225.08千米/时

英里/时（mile per hour）：**符号为**mph

1英里/时=1.609 344千米/时

人物介绍

小克

小方

大家好！我是小快。你知道你跑得有多快吗？很简单！用距离除以时间，就能得到你的速度了！我和我的好朋友们一起组成了速度单位大家庭。有了我们，人们就可以知道自己和火箭的速度相差多少，也能知道宇宙飞船的速度有多快了。不要再等了，快来和我一起进入速度的世界吧！

小焦

小度

小米

小升

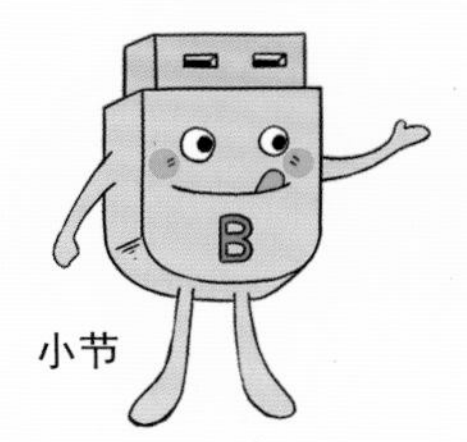
小节

小秒

图书在版编目（CIP）数据

疯狂的计量单位．1米/秒有多快/洋洋兔编绘．—
成都：四川少年儿童出版社，2020.11（2023.11重印）
ISBN 978-7-5365-9883-6

Ⅰ．①疯… Ⅱ．①洋… Ⅲ．①速度测量—儿童读物
Ⅳ．①TB91-49

中国版本图书馆CIP数据核字(2020)第212408号

出版人：常　青
项目统筹：高海潮
责任编辑：李明颖
书籍设计：洋洋兔
责任印刷：李　欣
责任校对：于　杰

FENGKUANG DE JILIANG DANWEI　MI MIAO YOU DUO KUAI
疯狂的计量单位．1米/秒有多快

编　　绘　洋洋兔
出　　版　四川少年儿童出版社
地　　址　成都市锦江区三色路238号
网　　址　http://www.sccph.com.cn
网　　店　http://scsnetcbs.tmall.com
印　　刷　河北朗祥印刷有限公司
成品尺寸　235mm×170mm
开　　本　16
印　　张　2
字　　数　40千
版　　次　2021年1月第1版
印　　次　2023年11月第4次印刷
书　　号　ISBN 978-7-5365-9883-6
定　　价　20.00元